나의 첫 번째
상어 이야기

바다의 거대한 물고기, 상어의 모든 것

버즈 비숍 지음   박은진 옮김

미래주니어

이 땅에 살아가는 동물과

그들을 사랑하는 모든 사람을 위해

이 책을 바칩니다.

나의 첫 번째
상어 이야기

바다의 거대한 물고기, 상어의 모든 것

초판 1쇄 인쇄 2024년 12월 20일
초판 1쇄 발행 2024년 12월 27일

지음 버즈 비숍 | **옮김** 박은진 | **펴낸이** 박수길
펴낸곳 (주)도서출판 미래지식 | **편집** 김아롬 | **디자인** design ko
주소 경기도 고양시 덕양구 통일로 140 삼송테크노밸리 A동 3층 333호
전화 02)389-0152 | **팩스** 02)389-0156
홈페이지 www. miraejisig,co,kr
전자우편 miraejisig@naver.com
등록번호 제 2018-000205호

* 이 책의 판권은 미래지식에 있습니다.
* 값은 표지 뒷면에 표기되어 있습니다.
* 잘못된 책은 구입하신 서점에서 바꾸어 드립니다.

ISBN 979-11-93852-22-4 74440
      979-11-91349-72-6 (세트)

* 미래주니어는 미래지식의 어린이책 브랜드입니다.

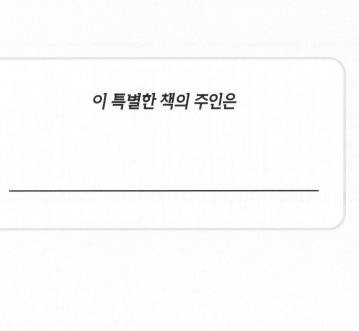

이 특별한 책의 주인은

_____

회색암초상어

상어가 뭐예요?

상어는 지구에서 아주 오래전부터 살아온 동물이에요.

약 4억 년 전에 처음으로 지구의 바다에서 헤엄치기 시작했답니다.

심지어 공룡이 나타나기 훨씬 전부터요!

상어는 물고기예요. 물고기처럼 **아가미**로 숨을 쉬고 **지느러미**로 헤엄쳐요. 하지만 상어의 뼈대는 일반 물고기와 달라요. 단단한 뼈 대신에 **연골**이라는 물렁물렁한 뼈로 이루어져 있답니다. 이 연골은 딱딱한 뼈보다 더 **유연**해서, 상어가 물속에서 날렵하고 부드럽게 움직이는 데 큰 도움을 줘요.

상어는 아주 작은 상어부터 거대한 상어까지 그 크기가 매우 다양해요. 이들은 전 세계 바다를 누비며 사는데, 심지어 민물인 강이나 호수에서 사는 상어도 있어요. 이처럼 상어는 정말 신기하고 특별한 동물이에요!

흑기흉상어

바하마 바닷속을 헤엄치는 카리브암초상어

상어는 종류가 엄청 많아요!

상어를 연구하는 해양 생물학자들은 500종이 훌쩍 넘는 다양한 상어를 발견했어요. 그리고 비슷한 특징에 따라 상어를 8개의 **목**으로 나누었지요.

흉상어목 상어들은 몸 양쪽에 아가미구멍이 5개씩 있고, **등지느러미**가 2개 있으며, 눈에는 눈을 덮어 보호하는 얇은 막이 있어요.

괭이상어목 상어들은 바다 밑바닥에 있는 먹이를 진공청소기처럼 빨아들여요.

신락상어목 상어들은 다른 상어와 달리, 아가미구멍이 6개씩 또는 7개씩 있어요.

악상어목 상어들은 꼬리가 활처럼 휘어져 날렵하게 몸을 움직이며, 이빨이 크고 날카로워요.

수염상어목 상어들은 화려한 카펫처럼 몸에 다양한 색깔과 무늬를 띠어요.

톱상어목 상어들은 가늘고 긴 주둥이에 뾰족뾰족 톱니 모양의 이빨이 나 있어요.

전자리상어목 상어들은 가오리처럼 몸이 납작하게 생겼어요.

돔발상어목 상어들은 등지느러미 앞에 솟은 가시 때문에 이런 이름이 붙었어요. 이 상어의 영어 이름은 **'Dogfish sharks'**인데 개처럼 무리 지어 사냥하기 때문에 이렇게 이름지었다고 해요.

어떤 상어들은 무리를 지어 함께 다니기도 해요. 이렇게 하면 먹이를 한곳에 몰아 쉽게 잡을 수 있거든요. 또 무리를 이루면 포식자가 쉽게 공격하지 못해서 더 안전하답니다.

백상아리

상어의 몸속을 살펴볼까요?

상어는 바다에서 가장 뛰어난 사냥꾼이자 무시무시한 **포식자**예요. 빛이 들지 않는 어두운 바닷속에서도 **먹잇감**을 쉽게 발견하고 사냥할 수 있답니다.

상어는 400미터 떨어진 곳에서도 피 냄새를 맡을 수 있어요. 이건 마치 축구장 4개를 이어붙인 만큼 먼 거리예요!

상어의 이빨은 여러 줄로 나 있어요. 상어 한 마리가 평생 바꾸는 이빨의 수가 무려 3만 개나 된답니다. 사람은 어른이 된 후 이가 빠지면 다시 나지 않지만, 상어는 죽을 때까지 이빨이 빠지고 그 자리에 새 이빨이 계속해서 자라나요.

상어에게는 여러 종류의 지느러미가 있어요. 그중에서도 물 밖으로 튀어
나와 보이는 지느러미가 바로 등지느러미예요.

상어 구조도

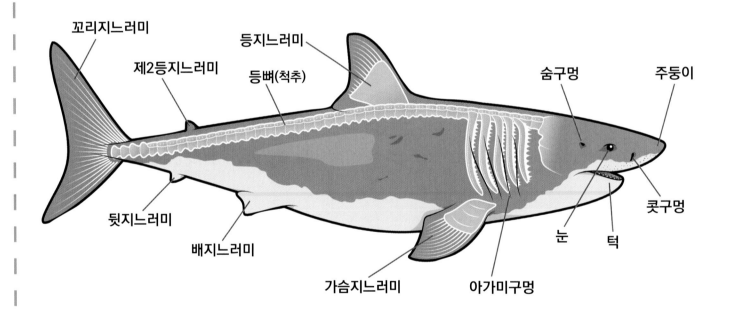

꼬리지느러미
제2등지느러미
등지느러미
등뼈(척추)
숨구멍
주둥이
뒷지느러미
배지느러미
가슴지느러미
아가미구멍
눈
턱
콧구멍

레몬상어

태평양전자리상어

태평양전자리상어 Pacific Angel Shark

태평양전자리상어는 가슴지느러미가 양옆으로 넓게 퍼져 있어서 마치 날개 달린 천사처럼 보여요. 이 넓은 가슴지느러미로 모래나 진흙을 파서 바다 밑바닥에 납작 엎드려 있어요. 이렇게 바닥에 몸을 감쪽같이 숨기고 있다가 작은 물고기가 가까이 지나가면 순식간에 커다란 입을 쩍 벌려 먹잇감을 덥석 물지요.

분류 : 전자리상어목
서식지 : 바다 밑바닥, 해안의 암초 주변
먹이 : 물고기, 게, 문어, 오징어

호주전자리상어 Australian Angel Shark

전자리상어는 몸 색깔이 모랫바닥과 비슷해서 눈에 잘 띄지 않아요. 그래서 바다 밑바닥에서 마치 모래인 것처럼 **위장**한 채 먹잇감이 다가오기를 조용히 기다린답니다. 어찌나 꼭꼭 숨어 있는지, 먹잇감이 전자리상어를 알아챌 때쯤이면 이미 너무 늦은 거예요!

그러면 호주전자리상어는 어디에서 살까요? 이름 그대로 호주 근처 바다에서 살고 있답니다!

분류 : 전자리상어목
서식지 : 호주 남부 해안의 암초 주변
먹이 : 작은 물고기, 작은 갑각류

호주전자리상어

대서양수염상어

대서양수염상어 Nurse Shark

어부들은 대서양수염상어가 먹이를 빨아들이는 소리가 마치 아기가 젖을 빠는 소리와 비슷하다고 생각했어요. 그래서 이 상어의 영어 이름에는 '젖을 먹다'라는 뜻이 담겨 있어요.

대서양수염상어는 입 주변에 수염처럼 삐죽 튀어나온 **바벨**이라는 작은 돌기가 두 개 있어요. 이 바벨을 이용해 밤에 바다 밑바닥을 샅샅이 파헤쳐 숨은 먹잇감을 찾아내지요.

대서양수염상어는 많게는 40마리씩 무리를 지어 바닥에 옹기종기 모여 살기도 해요. 이렇게 떼를 이루고 있으면 포식자가 한 마리만 콕 집어 공격하기 어려워서 더 안전하답니다!

분류 : 수염상어목
서식지 : 태평양 동부와 대서양의 따뜻한 바다
먹이 : 바닷가재, 작은 가오리, 성게, 물고기

17

상어는 대부분 쉬지 않고 계속해서 움직여야 숨을 쉴 수 있어요. 하지만 대서양수염상어는 다른 상어들과는 다르게 움직이지 않고도 개구리처럼 볼을 부풀려 숨을 쉴 수 있답니다!

대서양수염상어

고래상어 Whale Shark

고래상어는 세상에서 가장 덩치가 큰 물고기예요. 태어났을 때는 몸 길이가 겨우 45센티미터 정도이지만, 무럭무럭 자라서 무려 18미터에 이르게 된답니다. 이 길이는 중형 버스 두 대를 이어붙인 것과 비슷해요. 몸무게는 1만 8,000킬로그램을 훌쩍 넘는데, 이는 아프리카코끼리 세 마리를 합친 무게보다 더 많이 나가요.

고래상어는 이렇게 엄청난 몸집을 가졌지만, **여과섭식**이라는 특별한 방식으로 바다에서 가장 작은 생물을 잡아먹어요. 거대한 입을 크게 벌려 바닷물을 쭉 빨아들인 다음, 그 안에 있는 새우나 **크릴** 같은 작은 갑각류를 걸러서 꿀꺽 삼키고, 물은 아가미를 통해 다시 내보낸답니다.

분류 : 수염상어목
서식지 : 열대 해역, 따뜻한 앞바다, 산호로 둘러싸인 석호,
　　　　　얕은 바다의 산호초 지대
먹이 : 새우, 물고기, 플랑크톤

고래상어는 가끔씩 물고기 떼를 한꺼번에 사냥하기도 해요. 엄청난 몸집에 걸맞은 커다란 입으로 한 번에 100마리가 넘는 물고기를 거뜬히 삼켜 버린답니다.

그린란드상어 Greenland Shark

그린란드상어는 몸집이 거대한 상어 중 하나예요. 또 다른 상어들보다 훨씬 오래 사는데, 놀랍게도 최대 400살까지 살 수 있답니다!

하지만 그린란드상어는 대부분 시력을 잃어서 평생 앞을 보지 못하고 살아가요. 대신 이빨은 아주 날카롭고, 냄새 맡는 능력이 뛰어나답니다.

분류 : 돔발상어목

서식지 : 그린란드를 둘러싼 북대서양

먹이 : 물고기, 바다표범, 다른 대형 포유류까지
　　　　가리지 않고 무엇이든 먹음

그린란드상어

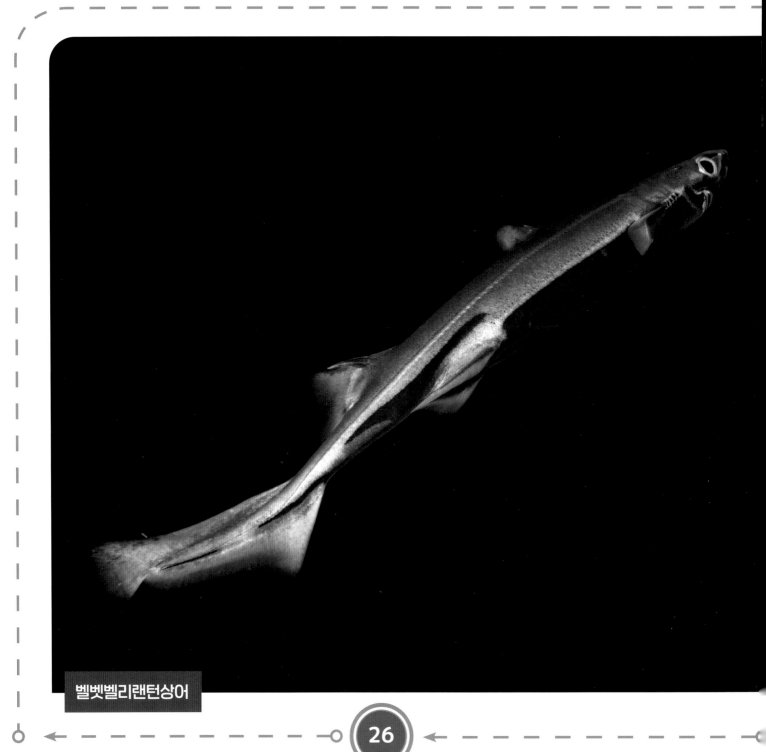

벨벳벨리랜턴상어

벨벳벨리랜턴상어 Velvet Belly Lantern Shark

벨벳벨리랜턴상어는 배 쪽이 까맣기 때문에 이런 이름이 붙었어요. 모든 랜턴상어는 몸에서 빛을 내는데, 이 빛 덕분에 깊고 어두운 바닷속에서도 잘 볼 수 있답니다. 어떤 과학자들은 랜턴상어가 몸의 특정한 위치나 모양에 따라 빛을 내면서 서로 대화한다고 생각해요.

분류 : 돔발상어목
서식지 : 대서양과 지중해의 깊은 바다,
　　　　　주로 아이슬란드에서 적도에 이르는 해역
먹이 : 크릴, 작은 물고기, 오징어, 새우

꼬리기름상어 Sharpnose Sevengill Shark

상어의 눈은 대부분 짙은 파란색이지만, 꼬리기름상어의 눈은 초록빛으로 반짝인답니다! 꼬리기름상어는 길고 뾰족한 주둥이 끝에 눈이 있어서 깊고 어두운 바다에서도 잘 볼 수 있어요. 또 아가미구멍이 7개로, 다른 상어들보다 2개나 더 많지요.

분류 : 신락상어목
서식지 : 북아메리카, 남아메리카, 호주, 유럽,
　　　　　　동남아시아 해안의 깊은 바다
먹이 : 문어, 가오리, 물고기, 다른 상어

꼬리기름상어

큰눈여섯줄아가미상어

큰눈여섯줄아가미상어 Bigeye Sixgill Shark

빛이 거의 닿지 않는 깊은 바닷속에서 살아요. 이름에서 알 수 있듯이, 이 상어는 눈이 유난히 크고 아가미가 6개나 있어요. 커다란 눈은 밝은 초록빛을 띠고 있답니다.

큰눈여섯줄아가미상어는 지구에서 아주 오래전부터 살아온 상어 종으로, 무려 2억 년이 넘는 시간 동안 거의 변하지 않은 모습을 유지해 왔어요!

분류 : 신락상어목
서식지 : 인도양과 태평양 서부의 따뜻한 바다
먹이 : 크기가 작거나 중간인 물고기

샷징이상어 Zebra Bullhead Shark

샷징이상어는 옅은 몸 색깔에 짙은 줄무늬가 있어서 꼭 얼룩말처럼 보여요. 그래서 영어 이름에도 '얼룩말'이라는 뜻이 들어 있어요. 샷징이 상어는 입 안쪽에 있는 이빨이 아주 튼튼하고 강해요. 이 납작하고 강한 이빨로 단단한 껍데기를 가진 동물들을 으스러뜨리고 그 속살을 먹는 답니다.

분류 : 괭이상어목
서식지 : 한국과 일본 근처의 얕은 바다,
　　　　　호주 서쪽 해안의 깊은 바다
먹이 : 조개, 새우

삿징이상어

뽈괭이상어

뿔괭이상어 Pacific Horn Shark

뿔괭이상어는 실제로 코뿔소처럼 뿔이 난 것은 아니지만, 머리 부분이 볼록하게 솟아 있어요. 이 튀어나온 부분 덕분에 마치 머리에 뿔이 있는 것처럼 보이지요. 낮에는 바닷속 바닥 근처에 머물며 거의 움직이지 않아요. 이렇게 가만히 있으면 코끼리물범 같은 포식자에게 잘 눈에 띄지 않기 때문이에요. 밤이 되면 먹이를 사냥하러 슬그머니 나온답니다.

분류 : 괭이상어목
서식지 : 미국 캘리포니아에서 멕시코 바하반도까지
　　　　　 이어지는 태평양의 따뜻한 바다
먹이 : 성게, 게, 작은 물고기

긴코톱상어 Longnose Sawshark

긴코톱상어는 몸길이가 약 137센티미터로, 우리가 사용하는 책상의 높이와 비슷해요. 그중 약 3분의 1이 주둥이 길이예요! 그 긴 주둥이에는 마치 콧수염처럼 생긴 바벨이 달려있어요. 이 바벨 덕분에 모래 속 깊이 숨은 먹잇감도 쉽게 찾아낼 수 있답니다.

긴코톱상어는 입안이 아니라 주둥이에 날카로운 이빨이 톱니처럼 줄 지어 나 있어요. 이 주둥이를 톱처럼 휘둘러 먹잇감을 파내고 베어 버리지요.

분류: 톱상어목
서식지: 호주 남부 해안 근처
먹이: 홍대치, 새우, 작은 오징어, 여러 가지 갑각류

긴코톱상어

파자마상어

파자마상어 Striped Catshark

줄무늬 잠옷을 입은 것처럼 보이는 이 상어는 굵고 진한 줄무늬가 몸을 따라 길게 이어져 있어서 '파자마상어'라는 이름이 붙었어요. 파자마상어는 **야행성**이어서 낮에는 주로 바위틈이나 동굴에서 자고, 밤이 되면 먹이를 찾아 나서요. 대서양수염상어처럼 주둥이에 바벨이 살짝 튀어나와 있어요. 이 수염 같은 바벨 때문에 마치 고양이처럼 보이기도 한답니다!

분류 : 흉상어목
서식지 : 남아프리카 해안의 켈프 숲
먹이 : 갑각류, 문어, 뼈가 딱딱한 작은 어류

황소상어 Bull Shark

황소상어는 다른 상어들처럼 바다에서만 사는 것이 아니라, 강이나 호수 같은 민물도 오가며 살 수 있어요. 새끼를 낳을 때는 민물로 가는데, 민물에서 태어난 아기 상어는 어느 정도 자라면 다시 바다로 헤엄쳐 나갑니다. 황소상어는 바다로 흘러드는 강 근처에 살기 때문에 사람들과 가까운 곳에서 발견될 때도 많아요.

분류 : 흉상어목
서식지 : 중앙아메리카와 동남아시아 근처의
　　　　　 따뜻한 바다, 강, 호수
먹이 : 물고기, 다른 상어, 새, 거북

황소상어

분류 : 흉상어목
서식지 : 전 세계의 따뜻한 바다
먹이 : 노랑가오리, 문어, 오징어, 다른 상어

큰귀상어

큰귀상어 Great Hammerhead Shark

큰귀상어는 혼자 지내며 혼자 사냥하기를 좋아하는 상어로, 멀리까지 헤엄치며 남다른 수영 실력을 자랑해요. 머리는 넓적하고, 눈은 머리 양쪽 끝에 달려있어서 쉽게 알아볼 수 있어요. 그 머리 모습이 마치 탁자 위에 평평하게 놓인 망치처럼 생겼어요. 이 독특한 머리 모양 덕분에 큰귀상어는 주위를 넓게 살필 수 있어요. 몸을 돌리지 않고도 뒤쪽까지 볼 수 있으니, 오징어처럼 재빠르게 움직이는 먹잇감도 금방 찾아내 잡아먹을 수 있지요.

하지만 이렇게 독특하고 멋진 상어가 현재 **멸종 위기**에 처해 있어요. 큰귀상어는 그 수가 점점 줄어들고 있어서 머지않아 영영 사라질지도 모른답니다.

홍살귀상어는 머리 앞쪽 한가운데가 움푹 들어가 있고, 양쪽은 물결 모양으로 울퉁불퉁해요. 반면에 귀상어는 머리 앞쪽이 매끈하게 생겼어요. 이 두 상어는 덩치가 큰 먹잇감을 잡기 위해 무리를 크게 지어 함께 사냥해요.

홍살귀상어

분류 : 흉상어목
서식지 : 주로 적도 근처
먹이 : 오징어, 참치, 청새치, 바닷새,
　　　　다른 상어, 가오리, 해양 포유류

큰지느러미흉상어

큰지느러미흉상어 Oceanic Whitetip Shark

큰지느러미흉상어는 가슴에 크고 긴 지느러미가 달려 있어요. 이 **가슴 지느러미**의 끝부분은 흰색이고, 등지느러미와 꼬리지느러미 끝도 모두 흰색을 띠고 있지요.

큰지느러미흉상어는 다른 상어에 비해 몸길이가 짧고 몸통이 굵고 두툼한데, 그래서인지 헤엄치는 속도도 느린 편이에요.

옛날에 바다를 항해하던 선원들은 상어를 '바다의 개'라고 불렀어요. 개가 간식을 얻기 위해 주인을 졸졸 따라다니는 것처럼 큰지느러미흉상어도 가끔 배를 따라다니며 먹이를 찾았다고 해요.

뱀상어 Tiger Shark

뱀상어는 등에 뱀처럼 줄무늬가 있어 이런 이름이 붙었어요. 이 줄무늬가 호랑이 무늬와 닮기도 해서 '호랑이상어'라고도 부르지요. 뱀상어는 호기심이 아주 많아요. 궁금한 것은 참지 못하고 다가가서 입에 넣어 확인하지요. 그래서 이것저것 가리지 않고 무엇이든 입에 넣고 삼킨다고 해요. 심지어 타이어까지 꿀꺽한답니다!

뱀상어는 상어 중에서도 덩치가 아주 큰 편이에요. 한배에 여러 마리의 새끼를 낳을 수 있는데, 많게는 30마리까지 낳을 수 있답니다.

분류 : 흉상어목
서식지 : 버뮤다, 멕시코, 마다가스카르 주변의 따뜻한 바다
먹이 : 물고기, 거북, 오징어, 새 등 눈에 보이는 모든 것

뱀상어

돌묵상어

돌묵상어 Basking Shark

돌묵상어는 고래상어 다음으로 세상에서 덩치가 두 번째로 큰 상어예요. 바다 표면에 떠서 느긋하게 움직이는 모습이 햇볕을 쬐고 있는 것처럼 보이지요.

돌묵상어의 이빨은 쌀알 크기만큼 아주 작고 자잘하게 나 있지만, 먹이를 씹어먹는 데 사용하지 않아요. 대신, 입을 크게 벌리고 느릿느릿 돌아다니면서 바닷물과 함께 플랑크톤을 들이마셔요. 그 후 아가미로 물을 빼내고 플랑크톤만 걸러서 삼킨답니다.

분류 : 악상어목
서식지 : 대서양과 태평양의 차가운 바다
먹이 : 플랑크톤

청상아리 Shortfin Mako Shark

청상아리는 바다에서 가장 빠르고 뛰어난 사냥꾼 중 하나예요. 머리는 뾰족하고 꼬리지느러미는 넓적한 초승달 모양으로 휘어져 있답니다. 이런 몸의 형태 덕분에 청상아리는 시속 65킬로미터로 물살을 가르며, 마치 자동차처럼 빠르게 움직일 수 있어요.

청상아리는 새끼를 낳기 위해 먹이가 풍부하고 안전한 장소를 찾아 먼바다까지 **이주**하기도 한답니다.

분류 : 악상어목
서식지 : 따뜻한 바다
먹이 : 황새치, 참치, 다른 상어

청상아리

환도상어

환도상어 Thresher Shark

환도상어는 꼬리지느러미가 다른 상어들보다 훨씬 길어서 단번에 눈길을 사로잡아요. 이 꼬리지느러미는 몸길이의 절반이나 되기 때문에 몸과 꼬리지느러미의 길이가 거의 같답니다. 환도상어의 등과 주둥이는 갈색, 회색, 푸른빛이 도는 회색 또는 검은색을 띠어요. 같은 환도상어라도 저마다 색깔이 조금씩 다르거든요.

환도상어는 종종 얕은 바다로 가서 '청소 물고기'로 불리는 작은 물고기들에게 몸을 맡기기도 해요. 이 청소 물고기들은 상어의 몸에 붙은 죽은 피부를 깨끗이 먹어주지요. 마치 상어만을 위한 목욕탕이 있는 것처럼요!

분류 : 악상어목
서식지 : 북아메리카와 아시아 근처의 북태평양
먹이 : 청어, 고등어, 오징어

백상아리 Great White Shark

백상아리는 영화나 책에 종종 무시무시한 상어로 등장해서 사람들이 무서워하고 두려워하는 상어예요. 백상아리는 길쭉하고 끝이 뾰족한 머리, 엄청난 힘을 지닌 꼬리 그리고 살점을 쉽게 찢어 버릴 수 있는 톱니 모양의 이빨이 특징이에요. 몸무게는 무려 2,700킬로그램이 넘는데, 이는 승용차 두 대를 합한 무게와 비슷해요!

백상아리는 뛰어난 수영 실력을 자랑하며, 사냥 솜씨도 대단한 최강의 포식자랍니다.

백상아리는 최대 70살까지 살 수 있어요. 이토록 오래 사니, 수명이 긴 상어 중 하나로 꼽힌답니다!

백상아리

백상아리

백상아리는 최대 시속 40킬로미터로 헤엄칠 수 있어요. 심지어 물 밖으로 펄쩍 뛰어올라 강력한 턱과 날카로운 이빨로 먹잇감을 콱 물어 버리기도 하지요. 또 약 400미터나 떨어진 곳에서 나는 피 냄새도 맡을 만큼 후각이 뛰어나답니다!

분류 : 악상어목
서식지 : 북극 바다와 남극 바다를 뺀 전 세계의 바다
먹이 : 바다거북, 해달, 주로 바다표범과 바다사자

상어를 보호해요!

상어가 무섭게 보이긴 하지만, 사실 사람을 공격하는 일은 아주 드물어요. 반면 해마다 사람들이 마구잡이로 상어를 잡아들이는 바람에 1억 마리 이상이 죽고 있답니다. 이렇게 상어가 빠르게 줄어들면 바다에 사는 모든 생물에게 심각한 피해가 생길 수 있어요.

지금 많은 종류의 상어가 지구상에서 사라질 위기에 처해 있지만, 우리가 함께 노력한다면 상어를 도울 수 있어요. 이미 많은 사람이 상어를 보호하기 위해 노력하고 있어요. 상어를 보호하는 연구도 계속하고 있고, 상어가 안전하게 헤엄칠 수 있도록 보호 구역도 마련했답니다.

이제는 우리 차례예요! 먼저 쓰레기를 줄이는 것부터 시작해요. 그래야 바다로 흘러 들어가는 쓰레기가 줄어들고, 상어도 깨끗한 바다에서 살 수 있어요. 또 상어에 대해 계속 배우고 공부해서, 주변 사람들에게 상어의 중요성을 알려야 해요. 그래야 모두가 함께 상어를 보호할 수 있답니다!

백기흉상어

용어집

가슴지느러미 : 가슴에 있는 지느러미

갑각류 : 물속에 살고 딱딱한 껍데기로 덮인 동물

등지느러미 : 등에 난 지느러미

먹잇감 : 다른 동물에게 잡아먹히는 동물

멸종 위기 : 지구에서 완전히 사라질 위험에 처한 상태

목 : 동물을 과학적으로 분류한 집단

바벨 : 긴코톱상어처럼 주둥이 양쪽에 달린 수염으로, 먹이를 찾는 데 사용함

석호 : 바다 근처에 생긴 얕은 물웅덩이

아가미구멍 : 숨을 쉴 때 사용하는 기관으로, 상어 몸 양옆에 나 있는 구멍

야행성 : 낮에 쉬고 밤에 활동하는 성질

여과섭식 : 입을 크게 벌려 바닷물을 들이마신 후 먹이를 걸러 먹는 방식

연골 : 상어의 몸을 이루는 물렁뼈

열대 : 적도 근처의 따뜻한 지역

위장 : 주변과 비슷한 색깔과 무늬로 모습을 감추는 것

유연 : 구부러져도 부러지지 않는 성질

이주 : 한 장소에서 다른 장소로 이동했다가 다시 돌아오는 것

적도 : 지구를 남북으로 반으로 나누는 상상의 선

종 : 비슷한 특징이 있는 생물의 무리로, 다른 종류와 구별되는 집단

지느러미 : 물고기가 헤엄칠 때 사용하는 기관

크릴 : 껍데기가 있는 작은 새우 같은 동물

포식자 : 다른 동물을 사냥하여 잡아먹는 동물

플랑크톤 : 물속을 떠다니는 매우 작은 식물과 동물

한배 : 같은 어미에게서 한 번에 태어난 새끼 동물의 무리

해양 포유류 : 몸에 털이 있고 새끼를 낳아 젖을 먹여 기르는 바다 동물

지은이

버즈 비숍

버즈 비숍은 캐나다 앨버타주의 캘거리에 사는 작가이자 라디오 진행자예요. 버즈는 하와이 빅아일랜드 근처에 있는 바다에서 첫 스쿠버 다이빙을 하던 중에 태어나서 처음 상어를 보게 되었어요. 다들 산호초를 바라보고 있을 때, 버즈는 바다 쪽으로 고개를 돌렸어요. 그때 큰귀상어가 쓱 지나가는 모습을 보게 되었어요. 깜짝 놀란 버즈의 눈은 마치 큰눈여섯줄아가미상어만큼이나 커졌답니다!

옮긴이

박은진

부산대학교에서 심리학과 불문학을 공부했어요. 오랜 기간 입시 영어를 가르치다가 글밥 아카데미를 수료하고 현재 바른번역 소속 번역가로 활동하고 있어요. 옮긴 책으로《산만한 건 설탕을 먹어서 그래》,《나의 첫 번째 지구 이야기》,《나의 첫 번째 공룡 이야기》,《나의 첫 번째 바다 생물 이야기》등이 있어요.

나의 첫 번째 과학 이야기

나의 첫 번째 행성 이야기

태양계 각 행성의 특징과 크기, 태양까지 거리, 표면의 모습 주변을 도는 달의 수까지 신비로운 우주의 모습을 관찰할 수 있다.

브루스 베츠 지음 | 조이스 박 옮김 | 72쪽

나의 첫 번째 지구 이야기

우주에서 바라보는 지구의 모습을 관찰하고, 지구의 내부와 표면에 나타나는 여러 현상을 통해 경이로운 자연의 신비를 엿본다.

스테파니 만카 쉬틀러 지음 | 박은진 옮김 | 72쪽

나의 첫 번째 바다 생물 이야기

산초초부터 거대한 고래까지 바다에서 사는 생물들을 자세히 알아보고 생생한 사진과 설명을 통해 해양동물에 대한 호기심을 키운다.

진저 L. 클라크 지음 | 박은진 옮김 | 72쪽

나의 첫 번째 공룡 이야기

아주 먼 옛날 지구의 주인이었던 공룡들의 멋진 모습과 신기하고 재미있는 그들의 모습을 친근감 있는 일러스트와 함께 만나본다.

에린 워터스 지음 | 아날리사 · 마리나 두란테 그림 | 박은진 옮김 | 72쪽

나의 첫 번째 상어 이야기

거대한 백상아리와 긴코톱상어 등 전 세계 상어를 생생한 사진으로 마음껏 관찰하며, 상어의 특성과 놀라운 진실도 함께 찾아본다.

버즈 비숍 지음 | 박은진 옮김 | 72쪽

계속 출간될 예정이에요!